BAWANGLONG LIXIAN JI

霸王龙历险记

未来出版社

U0212724

图书在版编目（CIP）数据

霸王龙历险记/杨一楠，畲田编著；杨一楠绘. 一西安：
未来出版社，2014.12
（恐龙大揭秘）
ISBN 978-7-5417-5502-6

Ⅰ. ①霸… Ⅱ. ①杨… ②畲… Ⅲ. ①恐龙—儿童读
物 Ⅳ. ①Q915.864-49

中国版本图书馆 CIP 数据核字（2014）第 309040 号

霸王龙历险记

编　著	杨一楠　畲　田	绘　画	杨一楠
选题策划	张晟楠　刘小莉		
责任编辑	刘小莉		
技术监制	宇小玲　宋宏伟		
发行总监	董晓明		
宣传营销	薛少华		

出版发行	未来出版社出版发行
	地址：西安市丰庆路 91 号　邮编：710082
	电话：029-84288458
开　本	12 开
印　张	5.5
字　数	90 千字
印　刷	陕西金和印务有限公司
书　号	ISBN 978-7-5417-5502-6
版　次	2015 年 4 月第 1 版
印　次	2015 年 9 月第 2 次印刷
定　价	25.80 元

这是一个霸王龙历经磨难、成长为王的故事。

冬去春来，霸王龙奥尼长大了，他探索着未知的世界，坚定地走在磨炼意志的道路上。

旅途中，他认识了各种各样的恐龙，见到了更加广阔的世界，经历了种种磨难，终于成长为一个真正的强者。威风凛凛的奥尼回到了家园，做了霸王山的新国王，统治着恐龙的世界。

冬天过去了，草木开始变绿。霸王龙奥尼长大了，他的体格变得强健了，动作变得敏捷了。

　　奥尼也渐渐明白，这是个弱肉强食的世界，每一种生物都有自己的生存方式和生存本领。如果自己不勇敢，就会被别的恐龙欺负；如果自己不强大，就会变成别的恐龙的食物。只有自身强大了，才能战胜一切困难。

　　认识到这一点的奥尼继续他的旅程，这一次，不仅是为了生存，更是为了增长见识，磨炼意志。

　　"我一定要成为真正的霸王龙！"奥尼每天都这样对自己说。

3

有一天，奥尼的眼前出现了一片沙漠，茫茫的黄沙似乎无边无际。勇敢的奥尼准备穿越大沙漠，他自言自语道："沙漠有什么好怕的，走过去就是了！"

于是奥尼开始了长途跋涉，从白天走到了黑夜。走着走着，奥尼就开始担心了，沙漠看起来似乎没有尽头，会不会就这样饿死了？

幸好，奥尼遇到的只是一小片沙漠。第二天清晨，越过一个沙丘，他就看到了一片绿洲。

奥尼欢呼着跑向绿洲，在沙漠边缘看到了一条小河，他赶紧大口大口喝水。

这时候，住在沙漠边缘的棱齿龙正在钻出洞穴，他们警惕地观察着洞穴周围，确认没有危险后就准备外出觅食了。

但是棱齿龙很不幸，因为沙漠之王棘龙已经盯上了他们。棘龙很擅长奔跑，棱齿龙根本不是他的对手，很快，一只棱齿龙就变成了棘龙的早餐。奥尼看着棘龙捕猎的过程，心想："棘龙好厉害！我以后要比他跑得更快！"

穿过沙漠，奥尼来到了一片葱郁的树林。在小河边喝水的他看到了十分温馨的一幕：鸭嘴龙妈妈衔着鲜嫩的树叶，喂给鸭嘴龙宝宝；鸭嘴龙爸爸则警惕着四周，防止敌人的偷袭，还不时慈爱地看一眼鸭嘴龙宝宝。奥尼看着看着，想起了自己的爸爸。

也许因为鸭嘴龙一家的氛围太温馨，就连奥尼都没有发现，一群恐爪龙已经悄悄包围了他们。等奥尼和鸭嘴龙一家发现的时候，已经晚了。

　　恐爪龙虽然体型小，但是他们的攻击力极强。他们总是一大群聚在一起围攻大型的植食恐龙，是植食恐龙最危险、最凶狠的敌人。

　　鸭嘴龙爸爸一边用自己的身体挡住恐爪龙的进攻，一边焦急地对鸭嘴龙妈妈说："你快带着孩子先走，我挡住他们！"

　　鸭嘴龙妈妈一边带着孩子向前跑，一边回头看着与恐爪龙周旋的丈夫，内心又焦急又害怕。她回头对鸭嘴龙爸爸喊道："你不要跟他们硬拼！"

　　"你们快走！"鸭嘴龙爸爸大喊一声，义无反顾地冲向恐爪龙，借此拖延时间，掩护妻子和孩子逃走。

　　恐爪龙用尖利的牙齿和像镰刀一样锋利的脚爪攻击鸭嘴龙爸爸。鸭嘴龙爸爸因为寡不敌众而倒下了，恐爪龙一哄而上，争相撕咬吞食死去的鸭嘴龙。鸭嘴龙妈妈带着孩子远远看着倒下的丈夫，内心十分悲痛。奥尼看着这一幕，默默离开了。

13

不知不觉走进密林深处的奥尼，发现了一只母独角龙。她把几枚恐龙蛋产在一棵大树下，此时正小心翼翼地将树枝、草叶盖在蛋上，想要把蛋藏起来。

奥尼看着她，想起了自己的妈妈，虽然自己从来没有见过她，但是爸爸说，温柔的妈妈也曾这样细心地照顾过未出生的自己。

"爸爸还好吗？"奥尼在心里想，"他有没有想我呢？真想见他啊，但是自己还没有变强，还没有保护自己的力量，现在还不能回去！"

坚定了信念的奥尼不想打扰生性孤僻的独角龙，于是打算悄悄离开。

突然，奥尼发现远处有几个鬼鬼祟祟的身影。他定睛一看，原来是偷蛋龙！

奥尼愤怒不已。爸爸说过，是偷蛋龙害得自己没有了妈妈和兄弟姐妹！

正准备冲上去赶走他们的奥尼却听到了一声怒吼，原来独角龙也发现了偷蛋龙，她大声地冲偷蛋龙吼叫："滚开！别想伤害我的孩子！"并且寸步不离自己的蛋，让偷蛋龙无法下手。

奥尼也冲向偷蛋龙，"可恶的家伙！看我今天怎么教训你们！我要让你们知道做坏事的家伙是没有好下场的！"

勇猛的奥尼追得偷蛋龙四处乱窜。

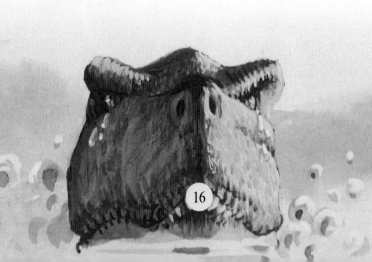

一天傍晚，奥尼来到了一个漂亮的湖泊边，几只禽龙正在湖水边玩耍。禽龙虽然体型庞大，却是一种很温和的植食恐龙。他们平时很友善，但前爪上高高翘起的坚硬骨刺，能够轻易刺穿对手的脖子，这表明他们也不是好欺负的。

　　奥尼想了想，自己现在还没有实力挑战禽龙，还是不要惹他们了。

　　喝完水的奥尼刚转身要走，又被一声尖叫吸引住了。

　　原来是一只贪玩的小禽龙游到了湖中心，被湖里隐藏的狂齿鳄咬住了腿，小禽龙拼命挣扎。

　　"救命！救命！救救我！"小禽龙大声呼救。

　　远处岸边的禽龙想要帮忙，但却来不及了。可怜的小禽龙被拖入了水中，成了狂齿鳄的晚餐。

　　奥尼看着这不幸的场面，想起自己曾经也差点变成狂齿鳄的食物，依然心有余悸。

　　不过奥尼也意识到，现在的自己是真的长大了，再也不会做出那种冒失的事情了。

离开湖边的奥尼顺着河流朝上游走，他想去看看河流的源头。

不知道走了几天，奥尼听到了"隆隆"的流水声。他加快脚步，跑到声音最大的地方，原来那里有一条瀑布。水流从高高的悬崖上流下，落在悬崖下的深潭里，溅起大片的水雾，发出了巨大的声响。

奥尼正在欣赏这壮观的景象，而瀑布的边上，又一场冲突要开始了。一只甲龙想要到瀑布下面去喝水，但却被一群身材瘦小的快盗龙挡住了去路。

快盗龙们冲着甲龙吼叫："笨东西！不要挡我们的路！赶快让开！"

甲龙身上长着一排排坚硬的骨刺，行动迟缓，看起来笨头笨脑的。但不要小看甲龙，他尾巴上那一个大骨锤，可是非常有力的武器。甲龙一动不动站在那里，任由快盗龙在他眼前嚣张地吼叫。

奥尼紧张地看着，这场冲突会怎样收场呢？

甲龙终于行动了,他甩起长尾巴,尾巴尖上的大骨锤重重打在快盗龙的身体上,将他们撞出老远。快盗龙抱头乱窜,慌不择路,迅速消失了。

甲龙仿佛什么都没发生过一样,慢悠悠地走向瀑布下的水潭。

奥尼惊讶过后,意识到:面对敌人时,自己要保持冷静。

奥尼继续着他的游历。

在山谷中，他见到了美丽的始祖鸟，他们长着五彩的羽毛，能在树林中飞来飞去。

这是奥尼第一次看到始祖鸟，他目不转睛地盯着他们看。

"喂，你们好！你们好漂亮啊！你们是什么动物呀？"奥尼大声问。

但是，始祖鸟很害怕奥尼，因为奥尼已经是一只强壮的霸王龙了，他们纷纷拍着翅膀飞向树林深处。

"喂喂，你们别走啊，我只是想认识一下你们！"奥尼连忙大声喊。

一只始祖鸟大着胆子回答了奥尼的问题："我们是始祖鸟呀！"说完，他就飞走了。

奥尼感到很遗憾。看了看始祖鸟远去的方向，他继续向着未知的远方前行。

山涧中，奥尼看到了捕鱼吃的重爪龙。重爪龙站在河水中，用自己巨大的爪子抓起河中的鱼丢到嘴里，动作十分灵活，看得奥尼羡慕不已。但是奥尼发现自己不喜欢吃鱼，于是他离开了重爪龙的地盘。

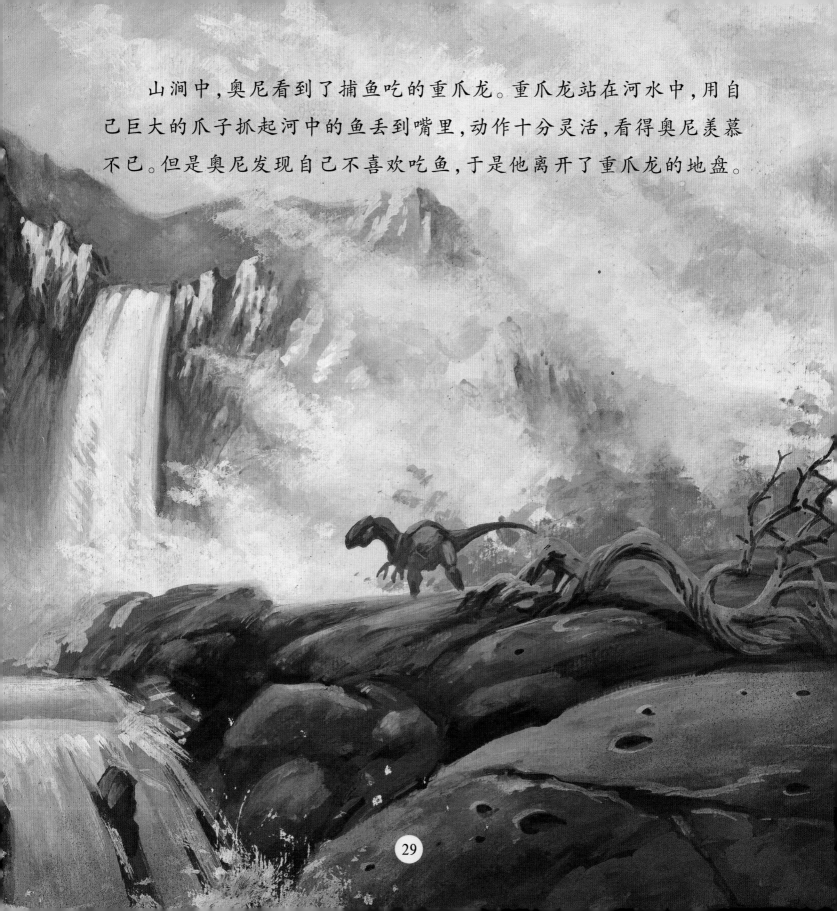

奥尼沿着河流向下游走去，他已经见识了上游的瀑布，所以想去看看下游有什么好玩的地方。

一路上，他见识了许多新奇的事物。

当他遇到地震龙时，被他们吓得目瞪口呆。地震龙实在太大了，他们成群结队地行走时，大地好像都在震动。

不过这么巨大的恐龙，却是吃植物的。望着那庞然大物啃食苏铁的叶子，奥尼有些傻眼。

奥尼想向他们问路，但是他们脖子太长了，没有听到奥尼的声音，奥尼又不敢走得太近，只好远远走开了。

　　不知道走了多久，奥尼发现自己到达了河流的尽头，那里是无边
无际的大海。

　　海里的蛇颈龙让奥尼十分兴奋。好厉害，竟然在大海中生活！奥尼跟蛇
颈龙打招呼后，问道："海里有什么？还有其他的恐龙吗？"

　　蛇颈龙回答："有啊。"

　　奥尼对海底更加好奇了，可是他又不敢到海里去，只好一直追问蛇颈龙
关于海里的事，但是蛇颈龙忙着捕食，没空多理他。

大海的深处到底是怎样一个世界呢？奥尼一直在想象。

其实，大海深处跟陆地上一样，是一个充满竞争的残酷世界。小鱼吃掉小虾，大鱼吃掉小鱼，大鱼的身后又有着凶猛的鱼龙。弱肉强食的自然法则在哪里都是一样的。

优胜劣汰，适者生存。这是大自然教给每一种生物的道理。

这个道理，奥尼虽然还没有完全理解，但是，他的脚步并没有停止。当他走了更多的路，见到了更多的事物，经历了更多的艰难险阻，一定会理解自然的法则，并且成为一个真正的强者。

奥尼已经不知道自己经过了几个寒冷的冬天。

每到冬天，漫天的大雪纷纷扬扬地落下来，大地裹上厚厚的雪衣。北风呼呼地刮，夹带着冰粒打在身上，十分寒冷。

这个季节，很多动物都不见了踪影，奥尼经常要走好久才能遇上活着的动物，好几天才能吃一顿饭。

记得有一个冬天，大雪连着下了几天几夜，还不停刮着大风。奥尼没有找到避风雪的地方，只好冒着风雪行走。

走了好久，等风雪停下来的时候，奥尼已经不知道自己在哪里，又该朝哪个方向前进，他迷路了。

迷路的奥尼在雪地里又走了好几天，看见了远处的大山。此时，冰雪已经渐渐融化了，奥尼沿着溪流朝着大山走去，再一次走向了未知的路。

奥尼也不知道自己遭遇了多少次风雨雷电。

每次遇到这种天气，巨大的雷鸣像是要震碎他的耳朵，耀眼的闪电像是要打在他的身上。森林中，高大的树木被雷电劈焦了，奥尼在树林之间跑来跑去，躲避雷电。

狂风来了，吹得树木剧烈摇晃。走在旷野上的奥尼感觉自己就要被吹倒了，风沙迷住了双眼。奥尼闭上双眼，蹲低身子，避免自己被大风吹倒。

暴雨来了，倾盆大雨一瞬间就把奥尼淋个透湿，河流猛然就涨水了。好几次，奥尼都看到有来不及从河中逃走的恐龙被暴涨的河水淹没。

经过了这些风霜雨雪、电闪雷鸣的日子，奥尼的身体越来越强壮了，迈出的脚步沉稳有力。

他已经忘记自己走了多久，又经历了多少灾难。

最让奥尼难忘的就是那场森林大火。

那是一个秋天，草木都已经干枯，天气阴沉沉的，饥饿的奥尼正在捕食。突然，天空响起一声炸雷，然后，不知从哪里燃起的大火迅速蔓延了整个森林，在熊熊的火光中，恐龙们慌乱逃命。奥尼拼尽全力才保住性命，但是很多恐龙都来不及逃出来，葬身在火海中了。

经历了太多太多的奥尼，成了一只真正的霸王龙。

　　他再也不会在巨大的植食恐龙面前胆怯了，他可以勇敢地冲上去追赶他们，捕杀他们，然后喂饱自己。

奥尼甚至可以从其他肉食恐龙的嘴中抢夺食物，现在的他已经真正所向无敌了。

成了强者的奥尼,终于明白了父亲的苦心。原来父亲并不是不爱他了,而是希望通过这种方式让他独立,让他成长,让他变强。

　　奥尼想:他该回家了。他要让父亲看看如今的自己,现在他不仅可以保护自己,还能照顾父亲了。

　　奥尼踏上了回家的路。他迫不及待地想要见到父亲。

　　一路上,他经过了干涸的河床和神秘的沼泽。

　　那沼泽真让人胆战心惊,虽然奥尼很强大,但也不得不小心地迈步,否则一不小心就会陷入沼泽,再也出不来。

　　他亲眼看到一只恐龙被沼泽吞噬。那只植食恐龙想喝水,就朝着水塘前进,没想到水塘周围是一片沼泽,他刚迈了一步,就陷进去了。他的体重让他根本逃不出沼泽。眼看着他慢慢下沉,奥尼更加小心谨慎了。

奥尼甚至见到了恐怖的恐龙墓园。

那一具具恐龙的尸骨令他毛骨悚然，但他依然迈着坚定的步伐前行，什么都不能挡住他回家的脚步。

与离开霸王谷时不一样,返回霸王谷的奥尼虽然也历经了艰险,但他已经能沉着冷静地面对一切状况了。不管是恶劣的自然灾害,还是其他恐龙的袭击,他都平安地活了下来,并且变得更加坚不可摧。

历经千辛万苦,奥尼终于回到了霸王山。就要见到父亲了！他很激动。但是,眼前的情形让奥尼十分震惊。

父亲遍体鳞伤地躺在树林里,奄奄一息。奥尼不敢相信自己的眼睛,他不断呼唤着父亲。

"爸爸！爸爸！是谁？到底是谁？竟然把你……"

巴特听到儿子的声音,勉强睁开眼睛看了一眼奥尼,欣慰地说:"你长大了,太好了……"他长长舒了一口气,安详地闭上了眼睛。

从此以后,这世上就再也没有一个亲人了。意识到这一点,奥尼忍不住哭了。他在心中发誓:一定要为父亲报仇！

奥尼从其他的恐龙那里了解到，害死父亲的是皮朋和杜兰。这两个狠毒的家伙，一定要让他们血债血偿！他找到了正在丛林深处庆贺的皮朋和杜兰。看到奥尼的那一刻，皮朋和杜兰惊呆了。这个强大的霸王龙是当年胆小的奥尼吗？他们一边害怕地后退，一边朝奥尼大吼。

皮朋和杜兰的吼叫在奥尼看来，只能增加他的怒火。他追在皮朋和杜兰后面，看着这两个家伙一边虚张声势地吼叫，一边慌不择路地逃命。

　　奥尼没有耐心再陪着皮朋和杜兰，玩你追我赶的游戏了。他怒吼一声，冲上去，张开大口，一口咬住皮朋的脖子，皮朋还来不及尖叫就一命呜呼了。

　　杜兰在看到皮朋被奥尼咬住的时候，就慌忙逃跑了，但是奥尼怎么会放过他！

　　眼看奥尼就要追上自己了，杜兰连忙求饶："我错了！我错了！你是大王！我以后一定尽心尽力服侍你！"

　　奥尼怎么会信他的花言巧语？他一头撞翻杜兰，再一脚踏上杜兰的身体，杜兰听到了自己骨头碎裂的声音。奥尼再补上一口，咬断了杜兰的脖子。

奥尼把皮朋和杜兰的尸体放在山顶上，用来告慰父亲的亡灵。然后，他朝着天空、山谷嚎叫了两声，叫声响彻整片天空，传遍了整个山谷。

霸王山的恐龙们互相转告，巴特的儿子回来了，他现在是霸王谷新的统治者。

奥尼每天都在霸王谷巡视，维护着这里的秩序。在他的统治下，霸王谷恢复了平静和生机。克里河在山谷中静静流淌，恐龙们依然在这个美丽的山谷中，自由自在地繁衍生息。

故事里的动物

恐龙

霸王龙

霸王龙是已知肉食恐龙中最大最重的。最大的霸王龙身长可达17米，站立时有6米高，体重可达10000千克。霸王龙头骨的长度有1.5米，嘴里还长着致命的尖牙，有20厘米长。

梁龙

梁龙的身长可达27米，其中6米是颈部。它们的尾巴极长，鞭子似的长尾巴可以帮助它抵御敌害。梁龙的头很小，鼻孔很特别，位于眼睛之上。当遇上敌人攻击时，它们就逃入水中躲藏，头顶上的鼻孔不会被水淹没，便于呼吸。

偷蛋龙

偷蛋龙，身体长约2米，大小和鸵鸟差不多。长有尖利的爪子和长长的尾巴，可以像袋鼠一样用尾巴保持身体的平衡，跑起来速度很快。偷蛋龙喜欢群体生活。它们喜欢用植物的叶子覆盖在巢上，利用植物在腐烂过程中产生的热量来孵蛋。

双冠龙

双冠龙又名双嵴龙，身长约6米，体重达500千克。最明显的特征是头上长着两片大大的骨冠，但这对骨冠很脆弱，并不能作为武器。它们通常以腐肉为食，很少捕杀活的猎物。

棱齿龙

棱齿龙是非常善于奔跑的植食恐龙，研究者推测，它们奔跑起来的速度与今天的羚羊相当，所以有"恐龙世界的羚羊"之称。

迅猛龙

迅猛龙又叫伶盗龙、快盗龙,拉丁名意为"敏捷的盗贼"。成年迅猛龙身长有2米多,体重约15千克。它们的身体结构十分有利于奔跑,是非常活跃的肉食恐龙。迅猛龙的大脑较大,表明它们是一种非常聪明的恐龙。迅猛龙长有镰刀状的趾爪,长度可达6.5厘米,是可怕的攻击武器。

肿头龙

肿头龙以巨大的头顶而得名。它们身体粗壮,用后肢行走,行动缓慢。虽然长着锐利的牙齿,但食物却是植物的叶子和种子。过着群居生活的肿头龙常常通过撞头来确定群体的领袖。

剑龙

剑龙身长6~12米,用四脚行走,一般生活在河流湖泊旁边的丛林中,以植物的枝叶为食。最显著的特点是,高高拱起的脊背上,依次排列着两行大小不等的三角形,或多角形的骨板,尾巴末端还有两对长长的骨刺。

三角龙

三角龙是一种中等大小的恐龙,成年三角龙身长有9米,高达3米,体重有10000千克。头有2米长,头上长有3只角,1只较小的长在鼻端,另外两只长达1米的分别长在眼睛的上方,是自卫的武器。

角鼻龙

角鼻龙因为在鼻端长有一块骨钉,像是鼻子上长了一个角,所以得名。角鼻龙是一种凶残的肉食恐龙,凭借硕大而沉重的头部与强劲有力的颈部肌肉,特别是满口长达15厘米的尖牙,它们可以将猎物身上的粗皮厚肉撕裂并撕成块。

棘龙

棘龙是一种外貌奇特的肉食恐龙。背部长着长棘,高度可达2米,长棘之间生有皮肤连接,形成一个巨大的帆状物。对于这个帆状物的功能,研究者推测,可能是用来调节体温、吸引异性,或是威胁对手的。

鸭嘴龙

鸭嘴龙的嘴巴宽阔，像鸭嘴，头顶上的冠状突起变化多样，头冠是区别不同鸭嘴龙的重要标志。鸭嘴龙的脚趾中间有蹼，能够游泳，但它们其实很少在水中生活，一般都生活在陆地上。

独角龙

独角龙因鼻骨上方长着一根长长的尖角而得名。身长约6.5米，长着像鹦鹉一样的弯钩状尖嘴，能轻易将蕨类植物的枝叶咬下来。独角龙的颈部也生长着巨大的盾牌状骨板，研究者认为这个颈盾大概是地位的象征。

甲龙

甲龙是自身保护最好的一类。它们头顶和整个背部布满了大小不等、形状各异的骨片和骨棘，形成了一层坚固的铠甲，而且尾巴像是一条坚硬的骨质刺棒，有的还在尾端长着坚硬的大骨锤。甲龙的这身装束，简直就像装甲坦克，因此它们又被形象地称作"坦克龙"。

恐爪龙

恐爪龙是一种攻击力很强的肉食小恐龙。它们体型较小，一般身长2～3米，嘴里长满了锋利的牙齿。恐爪龙的后肢长着长达12厘米的镰刀形巨爪，是非常可怕的武器。

重爪龙

重爪龙是目前已知唯一吃鱼的恐龙，头的形状与其他的恐龙不同，又长又扁，嘴巴又窄又长，长满了尖锐的细牙，整个头形很像鳄鱼。重爪龙的前肢非常巨大，"大拇指"上长有一个超过30厘米的巨爪，非常适合捕食鱼类。

禽龙

禽龙是完全的植食恐龙，嘴的前端没有牙齿，但后面的牙齿却很多，足足有100余颗，适合嚼碎食物。而且，它们的牙齿是不断替换的，所以能够以坚硬的植物为食。禽龙的主要特征是前肢上钉子般的"大拇指"，这个"大拇指"可以用来折断树枝，也可以用来自卫。

地震龙

地震龙是超大恐龙的代表，身长可达33米，体重达22000千克。地震龙一般成群生活，食物是植物的叶子。地震龙这个名字已经废除，现在将它们并入梁龙科，暂时命名为哈氏梁龙。

狂齿鳄

狂齿鳄在外貌和行为上都很像今天的鳄鱼。它们性情凶恶，是当时湖泊河流中的顶级猎食者。常常潜伏在溪流和湖泊中，仅仅将鼻孔露出水面，伪装成水中的枯木，伺机捕食鱼类或其他动物。

蛇颈龙

蛇颈龙是海洋中的霸主，也是恐龙的近亲。它们的体型较大，头却很小，拥有长长的可以灵活弯曲的脖子，所以得名。主要在海洋生活，为了适应水中的生活，它们的四肢已经变成了适合划水的肉质鳍脚，像乌龟的脚一样。

鱼龙

鱼龙是一种类似鱼和海豚的大型爬行动物。鱼龙一生都生活在海洋中，产卵和繁殖都是在海洋中进行的。鱼龙的视力和游泳能力都非常好，非常适应海洋生活，但它们并不是鱼类，也不是恐龙，只是恐龙的近亲。

恐龙亲族

翼龙

翼龙是恐龙的近亲，与恐龙生活在同一时代，但并不是恐龙。翼龙是最早飞上天空的脊椎动物，比鸟类早了约7000万年。但翼龙不能像鸟类那样自由地、长距离地在天空翱翔。

始祖鸟

始祖鸟是鸟类的祖先。它们的头部很像今天的鸟类，有爪子和翅膀，身上已经长满了羽毛，但是它们的飞行能力较低、只能在树枝间滑翔。与现代鸟类不一样，始祖鸟长有牙齿，而且翅膀上还有爪子。研究者推测，始祖鸟的体型大小相当于现代的野鸡。

霸王龙历险记